Bibliografische Information der Deutschen Nationalbibliothek:

Die Deutsche Bibliothek verzeichnet diese Publikation in der Deutschen National-
bibliografie; detaillierte bibliografische Daten sind im Internet über http://dnb.d-
nb.de/ abrufbar.

Impressum:

Copyright © 2005 GRIN Verlag, Open Publishing GmbH
Druck und Bindung: Books on Demand GmbH, Norderstedt Germany
ISBN: 9783640596010

Dieses Buch bei GRIN:

http://www.grin.com/de/e-book/149172/der-lange-weg-nach-europa-spanien-und-
portugal-im-20-jahrhundert

Simon Gonser

Der lange Weg nach Europa - Spanien und Portugal im 20. Jahrhundert

GRIN Verlag

Albert-Ludwigs-Universität Freiburg i. Br.

Institut für Kulturgeographie

Regionales Proseminar: Iberische Halbinsel

Wintersemester 2004/05

Der lange Weg nach Europa – Spanien und Portugal im 20. Jahrhundert

Simon Gonser

Neuere und Neueste Geschichte / Geographie / Wirtschafts- und Sozialgeschichte

7. Fachsemester

Inhaltsverzeichnis

1. Einleitung

Die Geschichte ist geprägt vom Aufstieg und von den Niedergängen vieler Staaten und Reiche. Spanien und Portugal bieten zwei gute Beispiele dafür. Beide Staaten befanden sich im 16. Jahrhundert auf dem Gipfel ihrer Macht und verfügten über für die damalige Zeit riesige Kolonialreiche. Seitdem hatte in beiden Ländern aber der Niedergang eingesetzt, der sowohl Spanien als auch Portugal ihre Bedeutung für die Weltpolitik entziehen sollte. Zum Ende des für beide Staaten unruhig verlaufenen 19. Jahrhunderts befanden sich Spanien und Portugal in instabilen Verhältnissen. Die anstehenden Probleme innerhalb der Staaten ließen die Zukunft düster erscheinen.

An diesem Punkt will die vorliegende Arbeit ansetzen. Es soll gezeigt werden, wie sich die beiden iberischen Staaten Spanien und Portugal aus dieser schwierigen Lage mittels Revolutionen zu befreien suchten und schließlich mit den Diktaturen unter Franco beziehungsweise Salazar die vielleicht schwärzesten Jahrzehnte ihres Bestehens erleben mussten. Abschließend soll noch kurz auf die Demokratisierungsbestrebungen in beiden Staaten seit dem Ende der Diktaturen 1974/1975 eingegangen werden. Als Ende des Betrachtungszeitraums ist dabei der EG-Beitritt beider Länder im Januar 1986 gewählt.

Erstaunlich ist dabei, dass alle diese Entwicklungsphasen in Spanien und Portugal von der Monarchie bis hin zur Demokratisierung annähernd parallel in beiden Staaten abzulaufen scheinen (Abb. 1). Lediglich der Spanischen Bürgerkrieg von 1936 bis 1939 bildet hierbei eine Ausnahme, die der portugiesischen Bevölkerung als nationales Trauma erspart blieb.

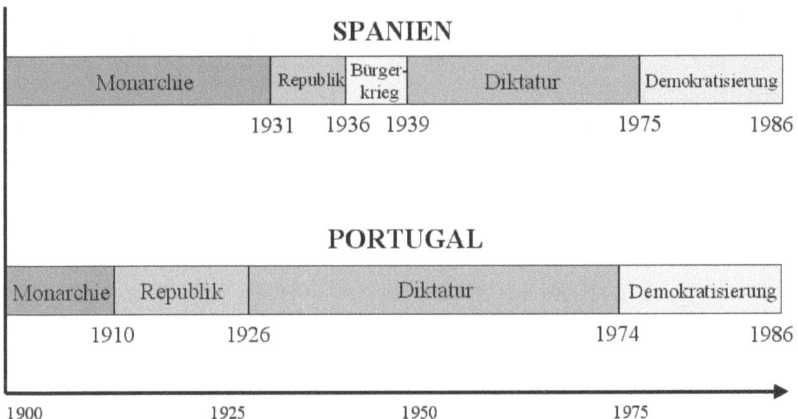

Abb. 1) Chronologische Darstellung der einzelnen Phasen des 20. Jahrhunderts in Spanien und Portugal (Quelle: Eigener Entwurf)

2. Spanien im 20. Jahrhundert

2.1 Die Ausgangslage um 1900

Mit seinen umfangreichen Besitzungen in Mittel- und Südamerika verfügte Spanien im 16. Jahrhundert über ein Reich, in dem „die Sonne niemals unterging." Seit dieser Zeit befand sich das Imperium allerdings im Niedergang. Vor allem außerhalb der iberischen Halbinsel schritt die unaufhaltsame Auflösung des spanischen Reiches voran.[1] Kennzeichen dieses Prozesses waren unter anderem der Verlust der Niederlande 1648 sowie die verlorene Seeschlacht von Trafalgar 1805, womit Spanien seine Rolle als führende Seemacht auf den Weltmeeren an England verlieren sollte. Den Höhepunkt des Niedergangs stellte sicherlich die Unabhängigkeit der süd- und mittelamerikanischen Kolonien im Laufe des 19. Jahrhunderts dar. Dem Beispiel von Kolumbien, Argentinien und Chile im Jahr 1810 folgten innerhalb weniger Jahre Uruguay, Paraguay, Bolivien, Peru, Venezuela, die mittelamerikanischen Kolonien und schließlich Mexiko, das sich 1821 von Spanien lossagte.[2] Das vorläufige Ende dieses Prozesses wurde schließlich 1898 erreicht, als es auf Kuba und den Philippinen zu Autonomiebestrebungen und Revolten gegen die spanische Herrschaft kam. Die Unterdrückung der Aufstände führten zur Einmischung der Vereinigten Staaten und zum Beginn des spanisch-amerikanisch Kriegs von 1898, welcher mit einer deutlichen Niederlage Spaniens endete.[3] Daraufhin mussten Kuba, Puerto Rico, Guam und die Philippinen an die USA abgetreten werden. Hinzu kam ein Jahr später der Verkauf der Marianen, der Karolinen und von Palau an das Deutsches Reich.

Somit blieben der einstigen Kolonialgroßmacht Spanien zu Beginn des 20. Jahrhunderts nur noch kleinere Gebiete in Afrika: Rio de Oro (spanische West-Sahara), Ifni (Marokko), Rio Muni (Guinea) sowie die Inseln Fernando Póo und Annobón. Spanien war zu diesem Zeitpunkt nur noch von zweitrangiger Bedeutung in der Welt.

Auch innenpolitisch war das Land inzwischen Land weit von seinen Glanzzeiten entfernt. Der kurzen Phase der Republik (1873-1874) folgte eine konstitutionelle Monarchie mit schwachen Königen und häufig wechselnden Regierungen. Um die Jahrhundertwende stand König Alfonso XIII. (1886-1941) an der Spitze des Staates.

Auch wirtschaftlich ließ Spanien um 1900 erhebliche Rückstände zu den führenden Mächten Europas erkennen. Eine größere industrielle Entwicklung hatte sowohl wegen des unter den Großgrundbesitzer verbreiteten Hidalgismus als auch wegen der fehlenden Mittelschicht nicht stattgefunden. Industrialisierungsansätze waren lediglich in Katalonien erfolgt. Indes war aber bereits ein sehr ausgeprägter sozialer Gegensatz zwischen den Großgrundbesitzern und dem

---

[1] VILLAR (1992: 62).
[2] VILLAR (1992: 61).
[3] VILLAR (1992: 84).

ländlichen Proletariat beziehungsweise zwischen den Unternehmern und Arbeitern hervorgetreten. Das Land wies daher zu Beginn des 20. Jahrhunderts eine große innenpolitische Instabilität auf.

2.2 Die Krise und das Ende der Monarchie

Der Verlust der spanischen Kolonien wurde vor allem der Monarchie zugeschrieben.[4] 1912 kam es daher mit französischer Unterstützung zu Annexionen im Norden Marokkos als Ersatz für die verlorenen Kolonien.[5] Spanien konnte sich dort jedoch nie ganz durchsetzen, so dass Marokko in den folgenden Jahren zu einem großen Problem für die spanischen Regierungen werden sollte.

Das grundlegende Problem in dieser Zeit war allerdings das schnelle Bevölkerungswachstum in Spanien. Mit einem Zunahme von 15,1 Millionen Einwohnern 1857 auf 24 Millionen Einwohnern 1935 war schnell eine kritische Bevölkerungsdichte erreicht. Entsprechende Gegenmaßnahmen wie die Intensivierung der Landwirtschaft oder eine verstärkte Industrialisierung kamen in Spanien nicht voran.[6] Darüber hinaus fehlten die Kolonien als soziales Ventil.

Hinzu kamen die Autonomiebestrebungen mehrerer Regionen in Spanien. Die gegen Ende des 19. Jahrhunderts zentralisierende Vereinheitlichung von Recht und Verwaltung stieß schnell auf den Widerstand der Basken und Katalanen und führte in diesen Regionen zur Herausbildung eines politischen Separatismus. Gefördert wurden diese Bewegungen auch durch die Schwäche des politischen Zentrums in Madrid. Allein in den Jahren 1900 bis 1923 waren 34 verschiedene Regierungen an der Macht.

Zu Beginn des 20. Jahrhunderts kam es in den Küstengebieten und vor allem in Katalonien zu einer zunehmenden Industrialisierung mit einer stark wachsenden Stahl- und Textilindustrie. Dies wiederum vergrößerte auch die dortige Arbeiterschaft und damit deren Ideologien. In Kastilien und dem Baskenland war dies sozialistisches Gedankengut, in Andalusien und Katalonien dagegen florierten die Ideen des Anarchismus.[7] Beide Bewegungen waren gut in Gewerkschaften und Parteien organisiert.[8] Mangels Reformen kam es aber zunehmend zur Radikalisierung der unteren Schichten.

Im Ersten Weltkrieg blieb Spanien neutral. Infolge von Teuerungen während des Kriegs, Mitspracheforderungen der Arbeiterschaft sowie der kritischen Lage in Marokko kam es 1917

---

[4] RUHL (1993: 16).
[5] RUHL (1993: 135).
[6] VILLAR (1992: 90).
[7] VILLAR (1992: 84).
[8] RUHL (1993: 125).

zu einer Staatskrise, dem „Anfangspunkt der Wirren des 20. Jahrhunderts."[9] Die Krise gipfelte in einem Generalstreik, Straßenschlachten sowie Terror und Attentaten durch sozialistische Gruppen, wobei die königstreue Regierung aber die Oberhand behalten konnte.[10] 1921 verschärfte sich erneut das Marokko-Problem mit dem Aufstand der Rif-Kabylen erneut. Die spanischen Kolonialtruppen erlitten dabei eine vernichtende Niederlage mit 14.000 Toten und Gefangenen.[11]

Als Folge dieser Krisen kam es schließlich zu einer Revolte durch das Militär. Am 13. September 1923 putschte sich der Generalkapitän von Katalonien General Miguel Primo de Rivera (1870-1930) mit Unterstützung der Armee und der spanischen Oberschicht zum Führer eines Direktoriums, das König Alfonso XIII. auch akzeptierte. Primo de Rivera errichtete eine Diktatur, die bis 1930 Bestand haben sollte.[12] Sein einziger Erfolg war das mit französischer Unterstützung erreichte Ende des Kriegs in Marokko 1925. Primo de Riveras Regime erwies sich jedoch bald als recht schwach. Durch seine Hilflosigkeit bei Beginn der Weltwirtschaftskrise sowie durch die Zensur und die reaktionäre Politik wandten sich allmählich alle Gesellschaftsschichten, das Militär und schließlich der König von Primo de Rivera ab, was das Ende seiner Herrschaft bedeutete. Am 30. Januar 1930 trat er zurück und übergab die Regierung an seinen Nachfolger General Dámaso Berenguer (1873-1953). Die alten Parteien erwachten nun wieder zum Leben. Alle antimonarchistischen Gruppierungen einigten sich im Pakt von San Sebastian auf ein Wahlbündnis mit dem Ziel die Monarchie abzuschaffen. Bei den Wahlen im April 1931 triumphierte dieses Bündnis. In mehreren Städten, darunter auch in Barcelona und in San Sebastian, wurde daraufhin am 14. April 1931 die Republik proklamiert. Die Revolution gelang ohne Blutvergießen. König Alfonso XIII. musste schließlich ins Exil gehen, ohne aber dabei auf seine Thronrechte zu verzichten.[13]

2.3 Die kurze Phase der Republik

Die erste provisorische Regierung der Republik unter Niceto Alcalá Zamora (1877-1949) war zunächst mit der Ausarbeitung einer neuen Verfassung beschäftigt, die bereits am 9. Dezember 1931 verkündet werden konnte. Diese nach dem Vorbild der Weimarer Republik erlassene Konstitution garantierte alle Grundrechte und Freiheiten, das Frauenwahlrecht, ein Verfassungsgericht sowie zum ersten Mal in der spanischen Geschichte die offizielle Trennung zwischen Staat und Kirche.

---

[9] VILLAR, (1992: 85).
[10] VILLAR (1992: 107).
[11] VILLAR (1992: 109).
[12] VILLAR (1992: 109).
[13] BERNECKER (2001: 84-86).

Die neugewählte Regierung aus Republikanern und Sozialisten versprach alle Probleme des Landes anzupacken und weitreichende Reformen durchzuführen.[14] Im Wesentlichen ging es dabei um die Regionalismusfrage sowie die immer noch ausstehende Umgestaltung des Agrarwesens.[15]

Die Regionen erhielten 1932 schließlich das Autonomiestatut. Katalonien verfügte damit über eine eigene Regierung, ein eigenes Justizwesen, einen eigenen Haushalt sowie die Kulturhoheit. Bei der Agrarreform wurde die Enteignung und Verteilung der größten Agrarbetriebe an Kleinbauern und Tagelöhner beschlossen. Die Umsetzung kam aber nur schleppend voran. Da gleichzeitig die Arbeitslosigkeit auf dem Land zunahm, kam es vor allem im anarchistischen Andalusien zu Unruhen und Aufständen.[16]

In den städtischen Gebieten nahm die Arbeitslosigkeit ebenfalls weiter zu, da während der Weltwirtschaftskrise keine Maßnahmen wie eine aktive Geldpolitik oder eine Lenkung der Wirtschaft unternommen wurden. 1933 kam es daher zu einigen Arbeiteraufständen, die von der Regierung blutig unterdrückt wurden.[17]

Infolge dieser Schwächephase der Regierung wurde die rechte Opposition in Spanien zunehmende stärker und gewann im November 1933 schließlich die Wahlen. Es sollten die so genannten „zwei schwarze Jahre der Republik" unter der Regierung von Alejandro Lerroux (1966-1949) folgen. Dabei wurden die meisten Reformen der Vorgängerregierung wieder rückgängig gemacht.[18]

Dies wiederum rief die Kommunisten auf den Plan, die vor allem im Baskenland einen enormen Zulauf verzeichnen konnten. Gleichzeitig begann der politische Aufstieg der Faschisten. Eine zunehmende Radikalisierung linker wie rechter Gruppen war die Folge.[19]

1934 spitze sich die Situation weiter zu. Als Reaktion auf die Rücknahme der Reformen starteten die Bauern einen Erntestreik und in Katalonien wurde im Oktober sogar die Unabhängigkeit ausgerufen, was aber von der Regierung schnell niedergeschlagen wurde.[20]

Die Linken schlossen sich 1936 zur Volksfront zusammen, um die mit den Problemen überforderten Rechtsparteien von der Regierung abzulösen, was ihnen bei der Wahl im selben Jahr auch gelang. Die Faschisten antworteten mit der Ermordung mehrerer politischer Gegner und einer weiteren Radikalisierung ihrer Maßnahmen. In den folgenden Monaten kam es zu

---

[14] VILLAR (1992: 115).
[15] RUHL (1993: 16).
[16] VILLAR (1992: 117).
[17] BERNECKER (2001: 87).
[18] RUHL (1993: 138).
[19] VILLAR (1992: 122).
[20] BERNECKER (2001: 87).

Streiks und Unruhen im ganzen Land. Spanien war nun endgültig in zwei Lager gespalten und das innenpolitische Chaos damit perfekt.[21]

Inmitten dieser gesellschaftlichen Spannungen trat nun das Militär auf den Plan. Die höheren Offiziere um den Generalstabschef Francisco Franco (1892-1975) konspirierten schon seit längerem gegen die Republik und unterhielten Verbindungen zu den faschistischen Staaten Deutschland und Italien. Ihnen fehlte lediglich der geeignete Zeitpunkt um loszuschlagen.[22]

2.4 Der Spanische Bürgerkrieg

Der Anlass für die Erhebung des Militärs wurde schließlich die Ermordung des rechten Oppositionsführer José Calvo Sotelo am 12. Juli 1936. Fünf Tage später begann daraufhin die Armee in Marokko mit einem Aufstand unter der Führung Francos, dem ein Militärputsch in Altkastilien folgte. Fast alle Offiziere bekannten sich daraufhin zu den Aufständischen und liefen über. Des weiteren zog Franco die Rechtsparteien, die Großindustriellen und vor allem den Klerus auf seine Seite. Weit wichtiger sollte aber die Unterstützung aus dem Ausland werden. Italiens Staatschef Mussolini stellte seine Luftwaffe sowie 70.000 „Freiwillige" zur Verfügung, während Hitler das Bombengeschwader Legion Condor nach Spanien sandte.

Der Großteil der gemeinen spanischen Soldaten und insbesondere die Marine blieben dagegen regierungstreu. Zusammen mit den Linksparteien, den Gewerkschaften und den katalanischen Regionalisten bildeten sie die Truppen der Volksfront, welche aber über eine mangelhafte militärische Führung verfügten. Aber auch innerhalb der Volksfront kam es während des Bürgerkriegs zu Machtkämpfen.[23] Eine offizielle Unterstützung für die Regierung aus dem Ausland blieb aus, da sich Frankreich und England neutral verhielten. Stattdessen kamen viele Tausende Freiwillige aus aller Welt nach Spanien, um gegen den Faschismus zu kämpfen. Darunter befanden sich besonders viele Intellektuelle wie z.B. George Orwell oder Ernest Hemingway.

Zu Beginn der Kämpfe war die Ausgangslage für das aufständische Militär eher schlecht. Francos Truppen waren aufgeteilt und kontrollierten Marokko und die Balearen sowie ein schmales Gebiet von Galizien über Kastilien bis Navarra. Im Juli 1936 landeten Francos Truppen in Algéciras an der andalusischen Küste und kämpfte sich in den folgenden Wochen nach Norden zu den Aufständischen in Kastilien vor. Nach dem Zusammenschluss der Truppen aus dem Norden und dem Süden begann im August 1936 der Vormarsch auf Madrid,

---

[21] RUHL (1993: 16).
[22] VILLAR (1992: 127-130).
[23] VILLAR (1992: 132-144).

das im Oktober 1936 schließlich von drei Seiten eingeschlossen war.[24] Die Hauptstadt konnte aber dank der Unterstützung durch die Internationalen Brigaden allen Angriffen trotzen.

Im März 1937 begann Franco daher zunächst eine Offensive im Norden Spaniens. Dabei wurde unter anderem Guernica, die Heilige Stadt der Basken, am 26. April 1937 durch die deutsche Legion Condor bombardiert.[25] Mit dem Fall der Städte Santander, Bilbao und Gijon wurde diese Offensive im Oktober 1937 beendet.[26]

Während des folgenden Jahres tobte der Kampf um die Region Aragon mit wechselnden Erfolgen. Ende 1938 starteten die Truppen Francos schließlich die letzte Offensive auf Katalonien, die am 26. Januar 1939 mit dem Fall Barcelonas endete. Der letzte kommunistische Widerstand erlosch mit der Besetzung Madrids am 28. März 1939 und brachte damit das Ende des Bürgerkriegs nach drei Jahren.[27] Schätzungen zufolge waren dabei eine halbe Million Menschen durch Krieg und Terror auf beiden Seiten zu Tode gekommen.[28]

2.5 Spanien unter der Diktatur Francos

Bereits während des Bürgerkriegs begann Franco mit dem Aufbau seines neuen Staates, dem so genannten Nuevo Estado.[29] Die neue Verfassung sah Franco als Staatsoberhaupt, als Regierungschef, als Oberbefehlshaber Streitkräfte und als Führer der Nationalen Bewegung vor.[30] Er stützte sich dabei im Wesentlichen auf die Armee und die katholische Kirche, während alle Parteien und Gewerkschaften verboten wurden. Mittels Repressionen und Terror wurde jegliche Opposition unterdrückt. Wirtschaftlich strebte Franco die Autarkie Spaniens an und ließ die Industrie zunehmend staatlich lenken.[31]

Franco unterhielt nach dem Bürgerkrieg weiterhin freundschaftliche Beziehungen zu den faschistischen Staaten Italien und Deutschland und traf sich im Oktober 1940 auch mit Hitler. Dessen Werben um eine spanische Kriegsteilnahme am Zweiten Weltkrieg wies Franco zurück. Er entsandte aber ein Jahr später eine „Kampfgruppe gegen den Bolschewismus", die so genannte Blaue Division, an die deutsche Ostfront.[32] In Absprache mit Portugal blieb die iberische Halbinsel aber weiterhin offiziell neutral, um keine Konflikte in Anbetracht der

---

[24] BERNECKER (2001: 93).
[25] BERNECKER (1986: 192ff).
[26] RUHL (1993: 142).
[27] VILLAR (1992: 132ff).
[28] BERNECKER (1991: 213).
[29] RUHL (1993: 144).
[30] RUHL (1993: 151).
[31] BERNECKER (2001: 103).
[32] RUHL (1993: 145).

portugiesisch-englischen Freundschaft einerseits und den spanisch-italienisch-deutschen Beziehungen andererseits zu riskieren.

Nach dem Ende des Zweiten Weltkriegs 1945 war Spanien politisch und wirtschaftlich zunächst isoliert und erhielt auch keine Mittel zum Wiederaufbau aus dem Marshall-Plan der USA. Die Folgen des Bürgerkriegs waren zu diesem Zeitpunkt immer noch nicht überwunden, so dass die Jahre des Hungers („Anos del hambre") in der Bevölkerung noch bis in die Fünfziger Jahre hinein andauern sollten.[33]

Franco lehnte alle Forderungen nach Demokratisierung trotz weltweitem Druck ab. Die UNO verurteilte daraufhin Spanien und empfahl ihren Mitgliedern den Boykott des Landes.[34]

Es war letztlich der Beginn des Kalten Kriegs, der das Überleben des spanischen Faschismus sicherte. Dank seines strengen antikommunistischen Kurses wurde Spanien vor allem von den USA als wichtiger Partner in einem gemeinsamen westlichen Verteidigungsbündnis angesehen. So wurde im September 1953 ein Abkommen über eine militärische Zusammenarbeit mit den USA abgeschlossen, wonach Spanien Militär- und Wirtschaftshilfe im Wert von mehreren Hundert Millionen US-Dollar erhielt. Den USA wurden dafür große Stützpunkte in Spanien eingeräumt. Dies sollte der erste Schritt zur internationalen Anerkennung des Franco-Regimes und zum wirtschaftlichen Aufschwung Spaniens werden. In den folgenden Jahren wurden Währungs- und Handelsabkommen mit mehreren westeuropäischen Staaten abgeschlossen und der Boykott beendet.

In dieser Phase begann auch die Entlassung der letzten spanischen Kolonien in die Unabhängigkeit. Die nordafrikanischen Gebiete wurden 1956 und 1958 an Marokko zurückgegeben, 1968 wurde Spanisch-Guinea zusammen mit Annobón und Fernando Poó als Äquatorialguinea unabhängig und schließlich wurde 1975 der Südteil der spanischen West-Sahara Marokko und Mauretanien überlassen. Gleichzeitig forderte Franco aber eine Rückgabe von Gibraltar an Spanien, was Großbritannien jedoch ablehnte und damit eine spanische Blockade des Felsenstützpunkts von 1969 bis 1985 heraufbeschwor.[35]

1959 wurde schließlich die spanische Autarkiepolitik aufgegeben und der Weg für ausländisches Kapital freigemacht. Anfang der Sechziger Jahre kam es somit zu einem starken Wirtschaftswachstum und zur Industrialisierung großer Teile des Landes. Spanien konnte in dieser Zeit die höchsten Wirtschaftswachstumsraten weltweit nach Japan vorweisen. Der Sprung vom Agrar- zum Industriestaat gelang nun endlich.[36]

---

[33] RUHL (1993: 144).
[34] RUHL (1993: 146).
[35] RUHL (1993: 149).
[36] VILLAR (1992: 146ff).

Die Erfolge in der Wirtschaft konnten aber nicht eine zunehmende Inflation, eine wachsende Arbeitslosigkeit und soziale Unruhen an den Universitäten überdecken. Zu den aufkeimenden innenpolitischen Spannungen trat nun auch das Regionalismusproblem wieder verstärkt zutage. Anfang der Siebziger Jahren begann die baskische Befreiungsorganisation ETA einen offenen Krieg gegen die Polizei und das Regime Francos. Dazu kam der Mitte Siebziger Jahre eine durch die Ölkrise ausgelöste schlechte Wirtschaftlage in Spanien. Der Terror der ETA, Streiks, die kritische Presse und die Opposition nahmen nun deutlich zu, vor allem als 1975 Parteien wieder zugelassen wurden. Die Franco-Regierung ihrerseits antwortete mit verschärften Repressionen. Zeitweise herrschte der Ausnahmezustand in Spanien und es kam zu Folterungen und Hinrichtungen von Mitgliedern der Opposition und der ETA. Dies alles deutete auf ein baldiges Ende des Systems hin. Das Regime verhärtete sich zusehends und der immer schlechter werdende Gesundheitszustand Francos tat sein übriges dazu.[37]

2.6 Das Ende der Diktatur und die Demokratisierung

Am 20. November 1975 starb General Franco inmitten einer gespannten Atmosphäre im Land. Wie bereits 1947 vereinbart, wurde Juan Carlos von Bourbon als spanischer König zum neuen Staatsoberhaupt proklamiert.[38] Dieser versprach in seiner Thronrede den Übergang zur Demokratie und die Integration Spaniens in ein vereintes Europa. Dieser politische Umschwung begann mit der Berufung des jungen Adolfo Suárez zum Ministerpräsidenten. Unter dessen Regierung wurde eine Amnestie erlassen und mit der Erarbeitung einer neuen Verfassung begonnen. Der spanische Staat bekannte sich zu den Menschenrechten, zur Volkssouveränität und zum Rechtsstaat. Die Abstimmung über diese Reformen erhielt 1976 über 94% Zustimmung in der Bevölkerung. Zwei Jahre später erhielt Spanien schließlich eine neue Verfassung und wurde zur parlamentarischen Monarchie. Das Baskenland und Katalonien erhielten ihre Autonomierechte zurück und im November 1977 erfolgte mit der Aufnahme Spaniens in den Europarat der erste Schritt in Richtung Europa.

Ein letztes Aufbäumen des Faschismus erlebte das Land am 23. Februar 1981 bei einem Putschversuch durch Teile des Offizierskorps und der paramilitärischen Guardia Civil. Die bewaffnete Besetzung des Parlaments durch Oberstleutnant Antonio Tejero und seinen Zivilgardisten scheiterte aber dank der demokratischen Haltung von König Juan Carlos I.[39] Indirekt profitierten die Sozialisten von diesem Putschversuch und gewannen 1982 die

---

[37] BERNECKER (1997: 169ff).
[38] RUHL (1993: 148).
[39] RUHL (1993: 17).

Wahlen 1982 unter der Führung von Felipe Gonzalez. Mit dem Beitritt zur EG am 1. Januar 1986 war Spanien schließlich in Europa angekommen.[40]

3. Portugal im 20. Jahrhundert

3.1 Die Ausgangslage um 1900

Die Entwicklung Portugals seit dem 16. Jahrhundert weist viele Parallelen zur Geschichte Spaniens auf. Auch Portugal befand sich seit dieser Zeit auf dem Niedergang von einer der größten Kolonialmächte der Welt zu einem unbedeutenden europäischen Mittelstaat, wobei der Verlust an überseeischen Gebieten aber deutlich weniger stark ausfiel als beim iberischen Nachbarland. Im Gegensatz zu Spanien befand sich Portugal seit einem 1703 mit England geschlossenen Vertrag in einer starken politischen als auch wirtschaftlichen Bindung zu einem anderen Staat. Trotz eigener Kolonien entwickelte das Land daher allmählich zu einem Satelliten des Britischen Empires. Dies bewahrte Portugal jedoch nicht vor dem Verlust seiner größten Kolonie Brasilien, welche sich 1822 im Zuge der Unabhängigkeit fast aller südamerikanischen Staaten vom Mutterland lossagte. Trotz dieses schweren Schlags verfügte Portugal zu Beginn des 20. Jahrhunderts im Gegensatz zu Spanien noch über etliche Kolonien. In Afrika waren dies die Kapverdische Inseln, Portugiesisch Guinea, Sao Tomé und Príncipe sowie Angola und Mozambique. Ferner gehörten in Asien die drei indischen Städte Goa, Diu und Damao sowie der östliche Teil der Insel Timor und die chinesische Hafenstadt Macao zum portugiesischen Kolonialreich.[41]

Dieser Besitzungen ungeachtet spielte Portugal außenpolitisch lediglich eine untergeordnete Rolle. Dies kann vermutlich auch auf die innenpolitische Instabilität des Landes zurückgeführt werden. Das 19. Jahrhundert war in Portugal von mehreren Revolutionen und Aufständen gekennzeichnet gewesen, welche die schwache Monarchie allerdings nicht überwinden konnten. Auch unter dem zu Beginn des 20. Jahrhunderts regierenden König Karl I. (1863-1908) konnte keine Stabilisierung des Landes erreicht werden, so dass die republikanische Bewegung weiter an Stärke zunahm und sich anarchistische und sozialistische Ideen im einfachen Volk weiter verbreiteten.[42]

Wirtschaftlich befand sich Portugal bereits seit längerem in desolatem Zustand. Die hohe Verschuldung des Landes hatte 1891 gar zum Staatsbankrott geführt. Das Königreich lebte hauptsächlich von der Landwirtschaft und dem Export landwirtschaftlicher Produkte wie z.B. Portwein. Da aber Weizen zur Ernährungssicherung der Bevölkerung aus dem Ausland

---

[40] VILLAR (1992: 154-158).
[41] RUHL (1993: 184).
[42] RUHL (1993: 20-21).

eingeführt werden musste, blieb die Handelsbilanz des Landes negativ. Die wenige Industrie des Landes konnte kaum Arbeitsplätze für die wachsende Bevölkerung bieten.[43]

3.2 Die Krise und das Ende der Monarchie

Als Folge des großen Abstandes in allen Bereiches zu den zentraleuropäischen Staaten kam es um 1900 unter König Karl I. zu einer Ausdehnung des portugiesischen Kolonialbesitzes in Afrika. In dieser Phase der Aufteilung der letzten Gebiete Afrikas wurden Angola und Mozambique ins Innere des Kontinents ausgeweitet und vergrößert.

Die innenpolitische Stellung der portugiesischen Monarchie blieb jedoch weiter schwach. Im Jahr 1907 musste Ministerpräsident Joao Fernando Pinto Franco (1855-1929) sogar eine Diktatur zur Stützung des Königs errichten, was den Anhängern republikanischer Ideen weiter Auftrieb gab. Im Januar 1908 kam es daher zu einer Rebellion gegen die Monarchie, die jedoch scheiterte. Einen Monat später gelang schließlich ein Attentat auf König Karl I. und den Thronfolger mit tödlichen Folgen. Dem Nachfolger auf dem Thron Emmanuel II. (1889-1932) sollte nur noch eine kurze Regierungszeit gewährt werden. Der zunehmende Stimmengewinn der Republikaner ließ das Ende der Monarchie erahnen.[44]

Das Ende der Königsherrschaft brachte schließlich eine erfolgreiche Revolution durch republikanische Befürworter innerhalb des Militärs am 4. Oktober 1910. Nach der Abdankung von König Emmanuel II. und dessen Flucht ins Exil nach England wurde am 5. Oktober die Republik ausgerufen und der Tag zum Nationalfeiertag ernannt. Die Revolte gegen die Monarchie geschah dabei im wesentlichen in Lissabon, während das übrige Land erst telegrafisch vom Umsturz in der Hauptstadt erfuhr.

3.3 Die kurze Phase der Republik

Nach der erfolgreichen Abschaffung der Monarchie im Oktober 1910 wurde zunächst Téofilo Braga (1843-1924) der neue Chef der Regierung. Bereits ein Jahr später konnte die neue demokratische Verfassung des Landes erlassen werden, die einen relativ schwachen Präsidenten als Staatsoberhaupt vorsah während die eigentliche Macht beim Ministerpräsidenten lag.[45] Darüber hinaus wurde erstmals in der portugiesischen Geschichte die offizielle Trennung von Staat und Kirche beschlossen. Dazu erfolgte unter anderem die Auflösung des Jesuitenordens sowie die Abschaffung aller religiösen Feiertage.[46] Die

---

[43] BERNECKER / PIETSCHMANN (2001: 91).
[44] RUHL (1993: 189).
[45] BERNECKER / PIETSCHMANN (2001: 96).
[46] RUHL (1993: 190).

katholische Kirche konnte aber dennoch ihren Einfluss durch eigene Schulen, Hospitäler und Zeitungen aufrecht erhalten.

Trotz dieser gesellschaftlichen Neugestaltung des Landes versäumten es aber die Regierungen der neuen Republik eine Umgestaltung der Wirtschaft und des Rechts sowie eine Landreform durchzuführen. Dies hatte zur Folge, dass sich Arbeiter, Kleinbauern und Landarbeiter bald von der Republik abwandten und für Unruhe im Land in Form von Streiks sorgten.[47]

Während des Ersten Weltkriegs blieb Portugal zunächst neutral. Da aber nach wie vor eine enge Anlehnung an Großbritannien bestand, erfolgte 1916 schließlich doch der Eintritt in den Krieg auf Seiten der Alliierten. Bereits nach einem Jahr waren zwei Drittel der portugiesischen Armee im Ausland eingesetzt. Die Kriegsteilnahme führt allerdings zu Konflikten im eigenen Land, da bereits im ersten Kriegsjahr 35.000 Tote und Verwundete zu beklagen waren, was wiederum Antikriegsunruhen und einen Generalstreik in Lissabon nach sich zog.[48]

Portugal blieb wie sein iberisches Nachbarland eine schwache Republik. Politisch lag dies an einem stark zersplitterten Parteiensystem sowie an einer großen Anzahl von Republikfeinden wie den Monarchisten und den Klerikalen. So gab es in den Jahren von 1910 bis 1926 allein 52 verschiedene Regierungen in Portugal sowie 20 Aufstände und Staatsstreiche. Streiks und politische Morde waren an der Tagesordnung. Hinzu kam die anhaltende wirtschaftliche Schieflage des Landes, welche durch das Handelsdefizit und vor allem durch die hohen von der Monarchie übernommenen Schulden hervorgerufen wurde.[49]

Die Krise der portugiesischen Republik hielt bis 1926 an. Am 28. Mai diesen Jahres erfolgte ein Militärputsch unter Führung des Generals Manuel de Oliveira Gomes da Costa (1863-1929), der dabei die Unterstützung des Klerus, der Großgrundbesitzern und der Faschisten erhielt. Die bisherige Regierung ergab sich kampflos, und ohne größeren Widerstand wurde das Parlament aufgelöst und die Verfassung suspendiert. Am 9. Juli 1926 übernahm der ebenfalls am Putsch beteiligte General Oscar Camona (1869-1951) die Regierung und ließ sich 1928 zum Präsidenten ausrufen. Seine Diktatur musste sich vor allem um die Sanierung der portugiesischen Finanzen kümmern. Camona berief dazu am 27. April 1928 den Professor für Wirtschafts- und Finanzwissenschaften António de Oliveira Salazar (1889-1970) zum neuen Finanzminister seiner Regierung. Salazar, ein studierter Theologe und Volkswirtschaftler, erhielt nun fast unumschränkter Vollmachten als Minister.[50] Er verfügte eine strenge Ausgabenkontrolle und eine drastische Verringerung der öffentlichen Ausgaben,

---

[47] BERNECKER / PIETSCHMANN (2001: 97).
[48] BERNECKER / PIETSCHMANN (2001: 101).
[49] BERNECKER / PIETSCHMANN (2001: 100).
[50] RUHL (1993: 191).

um so eine Reduzierung der Staatsverschuldung zu erreichen. Durch die komplette Kontrolle der Finanz- und Wirtschaftspolitik wurde Salazar schnell zum eigentlichen Machthaber in der Militärregierung.

3.4 Portugal unter der Diktatur Salazars

Am 5. Juli 1932 wurde Salazar schließlich zum Ministerpräsident ernannt. In den folgenden Jahren sollte seine Herrschaft zur Diktatur werden. Offiziell fungierten die Staatspräsidenten weiterhin als Oberhäupter Portugals, doch blieben sie politisch ohne Funktion.[51]

Salazars Erfolge bei der Sanierung des Staatshaushalts sorgten für Ruhe im Land. Hinzu kam die straffe und autoritär ausgerichtete Neuordnung Landes hin zum „Estado Novo". Demnach wurden alle Parteien verboten und das Parlament abgeschafft. Arbeiter und Bauern mussten Zwangsgewerkschaften beitreten und die portugiesischen Kolonien wurden enger an das Mutterland gebunden und nun als „Überseeische Gebiete" bezeichnet.[52] Der Klerus behielt seinen Einfluss im Bildungswesen sowie bei der Missionierung in den Überseegebieten und wirkte auf diese Weise stabilisierend für die Diktatur während ihres ganzen Bestehens. Die Umgestaltung des Staates zur Diktatur erhielt schließlich 1933 durch eine neue Verfassung ihre staatsrechtliche Begründung.[53] Zusätzlich wurde die Herrschaft Salazars durch ein komplexes Justiz- und Repressionssystem gestützt.[54]

In der zweiten Hälfte der Dreißiger Jahre wandte sich Salazar auch zunehmend faschistischen Ideen zu. Es kam zu verstärkter Propaganda im Land sowie zum Aufbau von Massenorganisationen wie der „Portugiesischen Jugend" und der faschistischen Einheitspartei der Nationalen Union. Dazu kam schließlich die Geheime Staatsschutzpolizei PVDE (später PIDE) als staatliches Terrorinstrument.[55] Die portugiesische Wirtschaft wurde in dieser Zeit zunehmend von der Regierung gelenkt und versuchsweise in die Richtung einer wirtschaftlichen Autarkie dirigiert.

Während des Spanischen Bürgerkriegs blieb Portugal offiziell neutral. Es diente aber als Basis für die Franco-freundlichen Interventionsstaaten Deutschland und Italien. Nach dem Sieg Francos im März 1939 wurde daher auch ein Freundschaftsvertrag mit Spanien abgeschlossen.[56] Gleichzeitig blieb die enge Bindung an Großbritannien auch unter Salazar bestehen.

---

[51] BERNECKER / PIETSCHMANN (2001: 105).
[52] RUHL (1993: 191).
[53] BERNECKER / PIETSCHMANN (2001: 107).
[54] BERNECKER / PIETSCHMANN (2001: 116).
[55] BERNECKER / PIETSCHMANN (2001: 113).
[56] RUHL (1993: 191).

Im Zweiten Weltkrieg blieb Portugal wiederum zunächst neutral, gewährte aber ab 1943 den USA und Großbritannien militärische Stützpunkte auf den Azoren. Während des Kriegs arbeitete Salazar weiter an der Konsolidierung seines Systems. Er festigte seine Diktatur durch den Ausbau der Pressezensur und Repressionen durch die Staatsschutzpolizei PIDE. Dies führte bereits in den Vierziger Jahren zu einer verstärkten Untergrundopposition durch Republikaner, Kommunisten und Sozialisten.

Nach dem Ende des Zweiten Weltkriegs war Portugal zunächst international isoliert. Die strategische Wichtigkeit der Azoren innerhalb eines westlichen Verteidigungsbündnisses überwog bei den USA die Bedenken gegenüber dem diktatorischen System Salazars, so dass Portugal 1949 Gründungsmitglied der NATO wurde. Infolgedessen kam es ein Jahr später zu einem Wirtschaftsabkommen mit den USA und zur Gewährung von Militärstützpunkten auf den Azoren. Nachdem die UdSSR ihren Widerstand aufgegeben hatte, konnte Portugal 1955 sogar Mitglied der UNO werden.

Kolonialpolitisch bewegte sich Salazar aber zunehmend auf Isolationskurs. Die Überseegebiete wurden 1953 ausdrücklich zum Bestandteil Portugals erklärt und gleichzeitig, trotz weltweiter Entkolonialisierungstendenzen, eine verstärkte Ansiedlung von Portugiesen in Angola durchgeführt. Die UNO verurteilte daraufhin die portugiesische Politik und im gleichen Zeitraum entstanden in allen Überseegebieten erste Freiheitsbewegungen gegen das Mutterland.

Wirtschaftlich sorgt die restriktive Finanzpolitik Salazars weiterhin für einen ausgeglichenen Haushalt. Durch den Mangel an öffentlichen Investitionen und Ausgaben wurde aber der Ausbau der Industrie und die Modernisierung der Landwirtschaft behindert. Die durch das Sparen verursachte Wirtschaftsrezension führte zusammen mit dem Mangel an ausländischem Kapital zu einem weitgehenden Ausbleiben einer Industrialisierung im Land. Die extreme Rückständigkeit der Landwirtschaft führte zu großen sozialen Problemen und war Ausgangspunkt für die Auswanderung vieler Portugiesen als Gastarbeiter. So verdienten etwa in den Sechziger Jahren rund 20% aller erwerbstätigen Portugiesen ihren Lebensunterhalt im Ausland.[57] Insgesamt war das Land wirtschaftlich sehr rückständig in Europa.[58]

Seit Anfang der Sechziger Jahre nahm die Unzufriedenheit im portugiesischen Volk daher zu. Zum Widerstand monarchistischer, liberaler, sozialistischer und kommunistischer Gruppen traten nun auch verstärkt Studentendemonstrationen.

Neben diesen sozialen Spannungen wurden nun aber die Kolonien zum Hauptproblem des Salazarismus. 1961 besetzte Indien ohne Widerstand die portugiesischen Städte Goa, Damao

---

[57] RUHL (1993: 21ff).
[58] BERNECKER / PIETSCHMANN (2001: 120).

und Diu, nachdem zuvor alle Verhandlungen um eine Rückgabe der Gebiete erfolglos geblieben waren. Die Krise wurde durch zahlreiche Aufstände verschärft, die inzwischen in den Kolonien tobten. Aus den militärischen Interventionen Portugals entwickelten sich den folgenden Jahren regelrechte Kolonialkriege. Für Portugal bedeutete dies zunehmend hohe Verluste und hohe finanzielle Kosten. Zeitweise mussten 40% des Staatshaushalts für die Sicherung der afrikanischen Gebiete aufgebracht werden, was die Inflation im Land weiter nach oben trieb.[59]

Die Situation in Portugal war gespannt. Das Ende der Ende Diktatur wurde schließlich absehbar, da Salazar 1968 schwer verunglückte und regierungsunfähig wurde.

3.5 Das Ende der Diktatur und die Demokratisierung

Nachfolger des verunglückten Salazar wurde 1968 Marcelo Caetano (1906-1980), der die Durchführung liberaler Reformen versprach. Letztendlich kam es allerdings nur zur Lockerung der Zensur und zu keiner Abkehr vom autoritären System. Neben dem Ärger der portugiesischen Bevölkerung über diese leeren Versprechungen scheiterte Caetano an der Kolonialfrage, da die Kriege die Inflation nach oben trieben und sich Kriegsmüdigkeit im Land einstellte. Als sich abzeichnete, dass die Kolonialkriege nicht mehr zu gewinnen waren, bildete sich innerhalb der mittleren Ränge der Armee eine Oppositionsgruppe gegen Caetano. Diese Gruppe führte am 25. April 1974 einen weitgehend unblutigen und erfolgreichen Militärputsch durch, der als „Nelkenrevolution" in die Geschichte eingehen sollte (die erfreute portugiesische Bevölkerung hatte den aufständischen Soldaten Nelken auf die Gewehrläufe gesteckt). Das Ende des Caetano-Regimes bedeutete auch das Ende der Kriege in den Überseegebieten, und in der Folgezeit löste sich das Kolonialreich rasch auf. Noch im selben Jahr wurden Portugiesisch Guinea (Guinea-Bissau), Mozambique, die Kapverdischen Inseln sowie Sao Tomé und Principe unabhängig. Die restlichen Kolonien folgte 1975, wobei die Übergabe teilweise zu hektisch vor sich ging. In den ohne Volkabstimmung in die Unabhängigkeit entlassenen Staaten Angola und Ost-Timor kam es zu Bürgerkriegen, die erst durch die Interventionen Kubas beziehungsweise Indonesiens beendet wurden. Macao blieb als letzte Kolonie noch bis 1999 unter portugiesischer Souveränität.

Nach der „Nelkenrevolution" kam es zur einer kurzen instabilen Übergangsphase unter einer Militärjunta.[60] In dieser Zeit wurde ein grundlegendes Reformprogramm zur Einführung demokratischer Strukturen erlassen, welches Parteien wieder erlaubte, eine neue Verfassung anstrebte und freie Wahlen ankündigte. Im Mai 1974 wurde eine Regierung unter Beteiligung

---

[59] RUHL (1993: 194).
[60] BERNECKER / PIETSCHMANN (2001: 121).

aller Parteien unter der Führung von Adelino da Palma Carlos (1905-1992) gewählt. Deren Hauptaufgaben waren die Ausarbeitung einer neuen Verfassung sowie die soziale und wirtschaftliche Neugestaltung Portugals.[61] Die 1976 gewählte sozialistische Regierung unter Mário Soáres war schließlich die erste verfassungsgemäße neue Regierung. Im selben Jahr erfolgte die Aufnahme in den Europarat als erster Schritt Portugals in Richtung Europäische Gemeinschaft.[62] Mit dem Beitritt zur EG am 1. Januar 1986 war das Land schließlich in Europa angekommen.

Die lange Zeit der Diktatur hatte aber ihre Nachwehen hinterlassen. Dabei sind vor allem die großen wirtschaftlichen Probleme Portugals als Folge der durch die Kolonialkriege verursachten Inflation zu nennen. So betrug diese noch im Jahre 1984 32 %. Als weiteres Relikt der Kolonialzeit kamen nach dem Ende der Kriege Tausende von Heimkehrern aus den Kolonien nach Portugal, was in der Folgezeit zu erheblichen sozialen Problem führen sollte.[63]

4. Zusammenfassung und Vergleich

Am Ausgang des 19. Jahrhunderts befanden sich sowohl Spanien als auch Portugal im Niedergang. Beide Staaten hatten ihre wichtigsten Kolonien verloren und wiesen auch in ihren inneren Verhältnissen bemerkenswerte Parallelen auf. Die Monarchie und die von ihr eingesetzten Regierungen erwiesen sich als zu schwach um mit der Vielzahl von Problemen fertig zu werden. Die Rückständigkeit in Wirtschaft und Gesellschaft zog soziale Konflikte nach sich, die das monarchische System letztlich in die Krise stürzten. Der mangelnde Wille zu grundlegenden Reformen war kennzeichnend für die letzten Jahre der Königsherrschaft in beiden Ländern. In Spanien kam das Regionalismusproblem hinzu. Da sich die Regierungen zunehmend als unfähig und überfordert erwiesen, kam es schließlich zum unblutigen Ende der unbeliebten und instabilen Monarchie.

Doch auch die neue Staatsform der Republik erwies sich den bestehenden Problemen nicht gewachsen. Fast während ihres ganzen Bestehens war die Republik in Spanien und Portugal von Krisen und Aufständen geprägt, da sich immer größere Teile der Bevölkerung von ihr abwandten. Unzufriedenheit und soziale Spannungen nahmen zu und lassen die instabile Situation der Republik ähnlich dem Ende der Monarchie erscheinen. Dabei ist allerdings die zeitliche Verschiebung zwischen beiden Ländern zu beachten. Spanien wurde 1931 erst dann Republik als in Portugal schon die Diktatur herrschte.

In Spanien hatten diese Jahre im Gegensatz zum Nachbarland zu einer tiefgreifenden Spaltung der Gesellschaft in zwei Lager geführt. Dieser Konflikt kam nun in den Jahren 1936

---

[61] RUHL (1993: 195).
[62] RUHL (1993: 197).
[63] RUHL (1993: 22-23).

bis 1939 offen in Form eines Bürgerkriegs zum Ausbruch. Die Einmischung aus dem faschistischen Ausland zugunsten des aufständischen Militärs entschied letztlich diesen Krieg, der noch bis heute in der spanischen Gesellschaft nachwirkt.

War der Bürgerkrieg nur ein spanisches Ereignis gewesen, waren sich beide Staaten in der nun folgenden Phase der Diktaturen umso ähnlicher. Sowohl der Franquinismus in Spanien als auch der Salazarismus in Portugal waren konservativ, autoritär und nationalistisch geprägt und wiesen dabei eine starke Ähnlichkeit zu anderen faschistischen Staaten auf. Beide Diktatoren stützten sich auf Repressionen und die katholische Kirche.[64] Die rückständigen Wirtschaftssysteme wurden lange Zeit durch Autarkie und staatliche Eingriffe geprägt. Die Isolierung beider Staaten nach 1945 wurde aber alsbald aus militärisch-strategischen Gründen von den westlichen Staaten aufgehoben, wobei dies in Portugal früher erfolgte als in Spanien. Die internationale Anerkennung und die wirtschaftliche Öffnung beider Staaten sollten aber nur kurzfristig für Ruhe sorgen. Soziale und wirtschaftliche Krisen sowie koloniale Probleme in Portugal brachten schließlich das Ende der Diktatur.

Der unblutige Umbruch erfolgte dabei in beiden Staaten beinahe zeitgleich. Offensichtlich hatten beide Diktaturen nur durch die Persönlichkeiten Franco und Salazar funktioniert. Es folgte eine überraschend schnelle und wirkungsvolle Demokratisierung in beiden Staaten und eine Hinwendung auf ein vereinigtes Europa, dem Spanien und Portugal zuvor fast ein halbes Jahrhundert lang den Rücken zugewandt hatten.

---

[64] FREUND (1987: 7).

Literaturverzeichnis

BERNECKER, WALTHER (1986): Der Spanische Bürgerkrieg. Materialien und Quellen, Frankfurt/Main.

BERNECKER, WALTHER (1991): Krieg in Spanien 1936-1939, Darmstadt.

BERNECKER, WALTHER (1997): Spaniens Geschichte seit dem Bürgerkrieg, 3. neuerarb. und erw. Auflage, München.

BERNECKER, WALTHER (2001): Spanische Geschichte. Vom 15. Jahrhundert bis zur Gegenwart, 2. erw. und aktual. Auflage, München.

BERNECKER, WALTHER / PIETSCHMANN, HORST (2001): Geschichte Portugals. Vom Spätmittelalter bis zur Gegenwart, München.

BREUER, TONI (1987): Spanien, 2. korr. und verb. Auflage, Stuttgart.

FREUND, BODO (1987): Der lange Weg nach Europa. Spanien und Portugal im 20. Jahrhundert, in: Praxis Geographie Jg. 17, H. 4, S. 6-9.

RUHL, KLAUS-JÖRG (1993): Spanien-Ploetz. Die Geschichte Spaniens und Portugals zum Nachschlagen, 3. aktualisierte und ergänzte Auflage, Freiburg (Breisgau) / Würzburg.

VILLAR, PIERRE (1992): Spanien. Das Land und seine Geschichte von den Anfängen bis zur Gegenwart, 14. neu durchgesehene Auflage, Berlin (Wagenbachs Taschenbuch 217).